BEI GRIN MACHT SICH IHR WISSEN BEZAHLT

- Wir veröffentlichen Ihre Hausarbeit, Bachelor- und Masterarbeit

- Ihr eigenes eBook und Buch - weltweit in allen wichtigen Shops

- Verdienen Sie an jedem Verkauf

Jetzt bei www.GRIN.com hochladen und kostenlos publizieren

Annika Backs

Erneuerbare Energien. Potentiale und Ziele der Solarenergie in Deutschland

GRIN Verlag

Bibliografische Information der Deutschen Nationalbibliothek:

Die Deutsche Bibliothek verzeichnet diese Publikation in der Deutschen National-
bibliografie; detaillierte bibliografische Daten sind im Internet über http://dnb.d-
nb.de/ abrufbar.

Impressum:

Copyright © 2011 GRIN Verlag GmbH
Druck und Bindung: Books on Demand GmbH, Norderstedt Germany
ISBN: 978-3-656-43621-8

Dieses Buch bei GRIN:

http://www.grin.com/de/e-book/214406/erneuerbare-energien-potentiale-und-
ziele-der-solarenergie-in-deutschland

FOM Hochschule für Ökonomie & Management Dortmund

Berufsbegleitender Studiengang zum

Bachelor of Business Administration

6. Semester

Seminararbeit in Energy Sector

Erneuerbare Energien – Potentiale und Ziele der Solarenergie in Deutschland

Autorin: Annika Backs

Bochum, 19.05.2011

Inhaltsverzeichnis

Abkürzungsverzeichnis

AusglMechV......Ausgleichsmechanismusverordnung

BMU..............Bundesministerium für Umwelt, Naturschutz und Reaktorsicherheit

EEG..............Erneuerbare Energien Gesetz

EEWärmeG......Gesetz zur Förderung Erneuerbarer Energien im Wärmebereich

EEX..............European Energy Exchange

GW..............Gigawatt

GWh..............Gigawattstunde

kWh..............Kilowattstunde

kWp..............Kilowatt peak

MW..............Megawatt

MWp..............Megawatt peak

PV..............Photovoltaik

TWh..............Terrawattstunde

ÜNB..............Übertragungsnetzbetreiber

Abbildungs- und Tabellenverzeichnis

1. Einleitung

Das Thema Erneuerbare Energien rückt in der Öffentlichkeit, aber auch in den Unternehmen, hier vor allem in der Energiebranche, immer stärker in den Vordergrund. Gerade nach Naturkatastrophen oder den Problemen bei Atomkraftwerken, wie aktuell in Japan, fokussieren die Medien und die Politik das Thema immer mehr.

In der EU sind bereits feste Vorgaben erlassen worden, um die Anzahl und die Leistung der Erneuerbaren Energien weiter auszubauen, CO^2-Ausstoß zu reduzieren und so die Umwelt zu schonen. In Deutschland soll der Anteil an erneuerbaren Energien zur Stromversorgung bis zum Jahr 2020 auf mindestens 30% ausgebaut werden.

Seit einigen Jahren werden in Deutschland durch das EEG und das EEWärmeG diese Energieformen verstärkt gefördert. Bereits heute spricht man davon vor allem die Atomkraftwerke und auf lange Sicht die Kohlekraftwerke abzustellen.

Durch die hohe Subventionierung rücken vor allem Photovoltaik-Anlagen, nicht nur aus ökologischen, sondern auch aus ökonomischen Gründen, immer mehr in den Vordergrund. Bei einem Einfamilienhaus kann man beispielsweise mit einer Rendite von etwa 5% rechnen.[1] Manche Anbieter sprechen sogar von einer Mindestrendite von 7,5% bei Großanlagen auf Firmendächern.[2]

Aufgrund der stetig steigenden Strompreise entscheiden sich immer mehr Anlagenbetreiber dafür, ihre PV-Anlage auf Selbstverbrauch umzustellen, um sich so von den Stromanbietern unabhängiger zu machen. Da jedoch die Stromspeicher noch nicht ausgereift sind, sind auch Selbstverbraucher gezwungen weiterhin Strom von ihren Lieferanten zu beziehen.

Hier zeigt die solarthermische Anlage durch die Zwischenspeicherung des aufgewärmten Wasser deutlich mehr Potenzial.

Sollte der rasante Ausbau der PV-Anlagen weiterhin so ansteigen, kommen einige Probleme auf die Energielieferung, wie mögliche Engpässe, und das Energienetz, durch Überforderung der Netze, zu.

---

[1] Vgl. http://www.solaranlagen-portal.com/photovoltaik/wirtschaftlichkeit/ertrag, Abruf am 05.05.2011
[2] Vgl. http://www.solar-energy-consult.de/index.php?option=com_content&view=article&id=71:solarkraftwerk-vom-firmendach&catid=48:sec-unternehmen&Itemid=65, Abruf am 05.05.2011

2. Zielsetzung und Aufbau der Arbeit

Das Ziel der Seminararbeit ist es einen Überblick über den derzeitigen Ausbau von Erneuerbaren Energie, besonders der Solarenergie, zu geben, die Bedeutung der Solarenergie in Deutschland, Potenziale und eine mögliche Entwicklung von Solarenergie aufzuzeigen. Desweiteren werden die Verfahren zur Nutzung der Solarenergie erläutert, um so mögliche Risiken aufzuzeigen.

Die Seminararbeit gliedert sich in vier Abschnitte. Der erste Teil beschäftigt sich im Allgemeinen mit den erneuerbaren Energien, sowie den Maßnahmen die der deutsche Staat eingeleitet hat, um den Ausbau und die Entwicklung zu fördern. Der zweite Teil beschreibt eine Form von regenerativer Energie, die Sonnenenergie, und die Möglichkeit diese zu nutzen. Im Vordergrund stehen Photovoltaik und Solarthermie. Die Entwicklung der beiden Anlagenformen wird am Beispiel Bochum festgemacht.

Schlussendlich werden die Potenziale und Ziele, sowie der Nachteile und Risiken der Solarenergie in Deutschland diskutiert.

3. Erneuerbare Energien

Als erneuerbare Energie versteht man Energieträger, die quasi unbegrenzt zur Verfügung stehen. Zu den erneuerbaren Energien zählen Sonnenenergie, Biomasse, Wasserkraft, Windenergie, Erdwärme (Geothermie) und Gezeitenenergie.

Um den Ausbau von erneuerbaren Energie in Deutschland zu fördern, trat im Jahr 2000 das Erneuerbare-Energien-Gesetz (EEG) in Kraft, letztmals novelliert im Jahr 2009. Zweck des EEG ist „eine nachhaltige Entwicklung der Energieversorgung zu ermöglichen, die volkswirtschaftlichen Kosten der Energieversorgung auch durch die Einbeziehung langfristiger externer Effekte zu verringern, fossile Energieressourcen zu schonen und die Weiterentwicklung von Technologien zur Erzeugung von Strom aus Erneuerbaren Energien zu fördern"[3]. Das Ziel ist bis zum Jahr 2020 den Anteil an erneuerbaren Energien an der Stromversorgung in Deutschland auf 30% zu erhöhen.

Neben der Vergütung für die Stromerzeugung, werden Regelungen zum Anschluss, Abnahme des erzeugten Stroms, Ausgleichsmechanismen, Mitteilungs- und Veröffentlichungspflichten, sowie Rechtsschutz gesetzlich festgeschrieben.

---

[3] § 1 Abs. 1 EEG

Neben dem EEG ist im Jahr 2009 das Gesetz zur Förderung Erneuerbarer Energien im Wärmebereich (EEWärmeG) in Kraft getreten. Ziel ist hier „den Anteil an Erneuerbaren Energien am Endenergieverbrauch für Wärme (Raum-, Kühl-, Prozesswärme sowie Warmwasser) bis zum Jahr 2020 auf 14% zu erhöhen"[4].

Erneuerbare Energien erhöhen die Rohstoffvielfalt, ersetzen fossile Brennstoffe und vermeiden den Ausstoß von CO^2. Im Jahr 2009 lag die Vermeidung bei rund 107 Mio. Tonnen CO^2. Desweiteren wird die Abhängigkeit von fossilen Rohstoffen und somit die Importabhängigkeit reduziert. Die Anlagen können am Ende ihrer Lebensdauer abgebaut und recycelt werden, ohne umweltschädliche Altlasten, wie radioaktive Abfälle oder Kohlengruben, zu hinterlassen.[5]

Der Einsatz von erneuerbaren Energie in Deutschland ist nicht nur ein Thema für den Umweltschutz und die Versorgungssicherheit, sondern immer mehr auch ein wirtschaftliches Thema. So wurden in Deutschland rund 20 Mrd. Euro in die Anlagen und die Forschung investiert, rund 16 Mrd. Euro Wertschöpfung durch den Betrieb der Anlagen gewonnen und ein Inlandsumsatz von 36 Mrd. Euro erzielt. Mittlerweile gibt es über 300.000 Beschäftigte in der Branche.[6]

Die erneuerbaren Energien leisten im Jahr 2009 10,3% am gesamten Endenergieverbrauch und 16,1% am Bruttostromverbrauch, Tendenz stetig steigend. Vergleicht man die Struktur der Endenergiebereitstellung aus erneuerbaren Energien, so sieht man (s. Abbildung 2), dass der Anteil von biogenen Brennstoffen sowie Biokraftstoffen den Großteil der Endenergiebereitstellung ausmachen, gefolgt von Windenergie und Wasserkraft. Die Photovoltaik macht mit 2,6% nur einen geringen Teil aus.

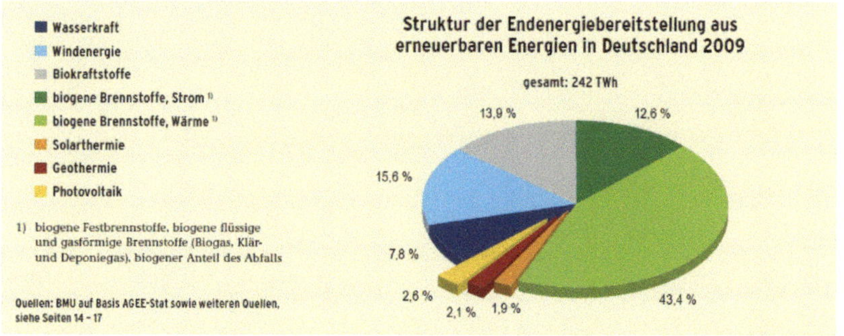

Abbildung 1 Struktur der Endenergiebereitstellung aus erneuerbaren Energien in Deutschland 2009

---

[4] § 1 Abs. 2 EEWärmeG
[5] Vgl. BMU (2010), S. 8
[6] Vgl. BMU (2010), S. 8

Insgesamt sind im Jahr 2009 46.313 MW zur Stromerzeugung aus erneuerbaren Energien in Deutschland installiert, wovon der Großteil mit 25.777 MW auf die Windenergie fällt, gefolgt von der Photovoltaik (9.800 MW), der Wasserkraft (4.760 MW), Biomasse (4.509 MW) und zum Schluss die Geothermie mit 6,6 MW.[7] Die Wasserkraft ist in Deutschland in den letzten 20 Jahren nahezu konstant geblieben, sodass man mit den derzeitigen Methoden davon ausgeht, dass das Potenzial hier erschöpft ist. Abbildung 2 zeigt grafisch die Zusammensetzung der erneuerbaren Energien zur Stromerzeugung.

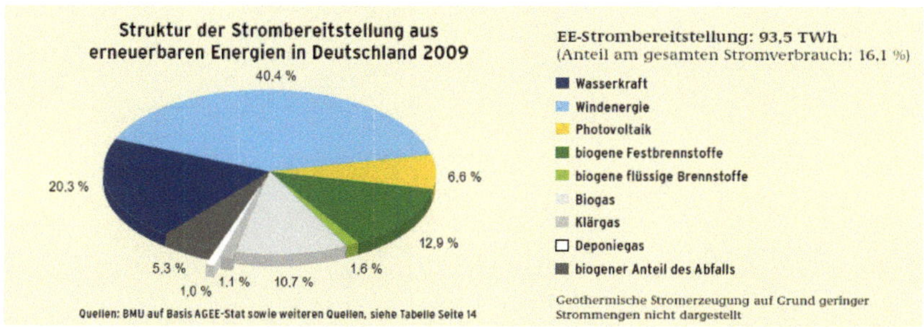

Abbildung 2 Struktur der Strombereitstellung aus erneuerbaren Energien in Deutschland 2009

Vergleicht man nun die Zahlen der Strombereitstellung mit der Wärmebereitstellung, so liegt der Anteil der erneuerbaren Energien am gesamten Wärmeverbrauch mit 8,8 % deutlich unter dem Anteil an der Strombereitstellung. Während bei der Stromerzeugung die Biomasse einen Anteil von 14,5% an der gesamten Strombereitstellung aus erneuerbaren Energien ausweist, liegt der Anteil bei der Wärmebereitstellung bei 91,5%, gefolgt von der Solarthermie mit 4,1% und der Geothermie mit insgesamt 4,4%.

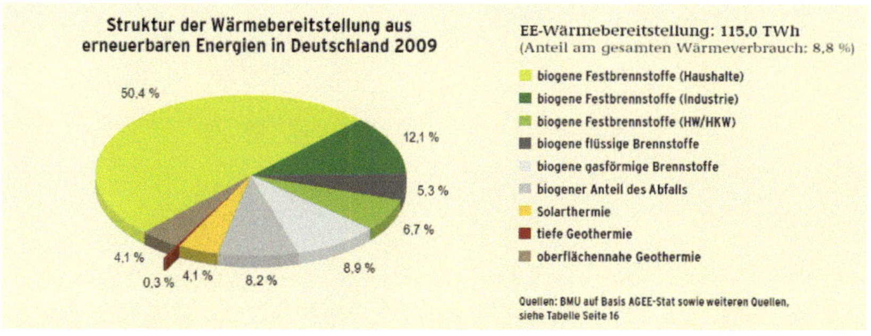

Abbildung 3 Struktur der Wärmebereitstellung aus erneuerbaren Energien in Deutschland 2009

---

[7] Vgl. BMU (2010), S. 15

4. Solarenergie

Als Solarenergie bezeichnet man die Gewinnung von Energie durch solare Strahlung. Die häufigsten Verfahren zur Gewinnung von Energie durch Sonneneinstrahlung sind Photovoltaik und Solarthermie. Die jährliche Sonneneinstrahlung in Deutschland liegt zwischen 850 und 1.150 kWh pro Quadratmeter.

Die Hauptargumente für die Solarenergie sind, dass die Energiegewinnung umweltbewusst ist, Energiekosten eingespart werden, vor allem durch die Absicherung vor weiteren Preisanstiegen und die Anschaffungskosten durch staatliche Förderungen ausgeglichen werden können.[8]

4.1 Photovoltaikanlagen

Mit dem Zubau an PV-Anlagen liegt Deutschland mit rund 3.800 MW an der Weltspitze.[9] Durch den Einsatz der PV wurden im Jahr 2009 6,2 TWh Strom erzeugt, dass entspricht einem Anteil von über 1% an der Gesamtstromerzeugung. Der Bau von PV-Anlagen wird immer beliebter. Allein in Bochum hat sich die Anzahl der PV-Anlagen von 2009 auf 2010 fast verdoppelt. Der Zubau in 2009 betrug 136 Anlagen mit einer Leistung von 2.662 kWp, wobei 14 Anlagenbetreiber ihren Strom selber nutzen. In 2010 wurden bereits 213 Neuanlagen ans Netz genommen worden, mit einer Leistung von 3.438 kWp. Hiervon waren bereits 67 Anlagen Selbstnutzer.[10] Für das Jahr 2011 wird mit einem Zubau von 240 Anlagen mit einer Leistung von 3.700 kWp geplant.

4.1.1 Verfahren

Bei PV-Anlagen wird Lichtenergie der Sonne in elektrische Energie umgewandelt. Die Solarzellen bestehen aus Halbleitermaterialien, 95% der Solarzellen nutzen Silizium. Um Elektrizität zu erzeugen, besteht eine Solarzelle aus zwei Schichten, einer positiv und einer negativ dotierten Schicht, die einen entsprechenden Überschuss an positiven und negativen elektrischen Ladungsträgern erhält. In der Regel sind dies Phosphor und Bor. Durch die Lichteinstrahlung entsteht eine Spannung zwischen den beiden Schich-

---

[8] Vgl. http://www.solarbusiness.de/fakten/sonnenenergie-vier-gute-gruende/solarenergie-stoppt-klimawandel/, Abruf am 30.04.2011
[9] Vgl. BMU (2010), S. 9
[10] Vgl. Auswertung der nmr (2011)

ten, die an den Polen abgegriffen werden kann. Der gewonnene Gleichstrom wird im Wechselrichter in Wechselstrom umgewandelt, um so ins öffentliche Netz eingespeist, oder selbst genutzt zu werden. Bei sogenannten Inselanlagen kann der erzeugte Strom gespeichert werden, um diesen bei keiner oder geringer Sonneneinstrahlung zu nutzen. In Deutschland wird dies sehr selten angewandt.

Da in einer einzelnen Solarzelle verhältnismäßig wenig Strom produziert wird, werden mehrere Module in Reihe geschaltet. Man spricht hier von einem PV-Generator.

Es gibt verschiedene Solarzellentypen, die sich hauptsächlich am Wirkungsgrad unterscheiden. Monokristalline Module weisen einen Wirkungsgrad von etwa 15% aus und werden aus hochreinem Silizium hergestellt. Diese aufwendige Verfahrensweise ist im Verhältnis sehr teuer. Polykristalline Module weisen einen Wirkungsgrad von etwa 13% auf, sind entsprechend preiswerter. Die amorphen Module haben einen Wirkungsgrad von ca. 8% und bestehen aus sehr dünnen Siliziumschichten. Die Produktionskosten sind hier am geringsten.

Da die Siliziumgewinnung aufwendig ist, werden weitere Halbleitermaterialien erforscht. Man verspricht sich Vorteile in deren Eigenschaften und Herstellungsmöglichkeiten. Als Beispiel sind hier Kupfer-Indium-Diselenid, mit einem Wirkungsgrad von derzeit ca. 14%, und Gallium-Arsenid, mit einem Wirkungsgrad von ca. 23%, zu nennen.

Für die Errichtung einer PV-Anlage muss man mit Anschaffungskosten zwischen 2.500 und 3.000 Euro pro kWp rechnen. Auffällig ist, dass die Anschaffungskosten in den letzten Jahren deutlich zurück gegangen sind (siehe Abbildung 1). So kostete Anfang 2009 eine Anlage rund 4.000 Euro pro kWp, am Ende des Jahres 2009 weniger als 3.000 Euro pro kWp. Dies hängt mit der innovativen Entwicklung und kostengünstigeren Produktion der PV-Module zusammen. Vergleicht man jedoch die Kosten mit den Vergütungssätzen, so lässt sich feststellen, dass mit sinkenden Vergütungssätzen die Kosten der Anlage fallen. Teilweise werden die Kosten der Anlage in den Verträgen mit den Installationsfirmen von der Inbetriebnahme, und somit mit von den Vergütungssätzen abhängig gemacht.

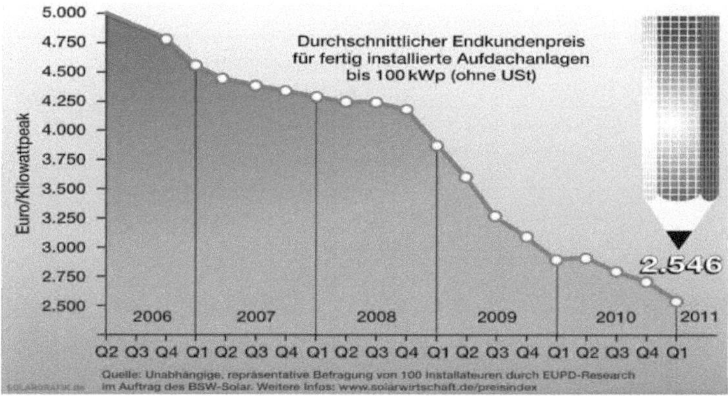

Quelle: http://www.kwh-preis.de/strom/ratgeber/strom-selbst-erzeugen/photovoltaik, Abruf am 30.04.2011

Abbildung 4 Anschaffungskosten im Verlauf der letzten Jahre

Die jährlichen Kosten belaufen sich auf maximal 2% der Anschaffungskosten. Hier sind Rücklagen für Reparaturen, Versicherungsbeiträge und Zählermieten eingeschlossen.

4.1.2 Vergütung

Die Vergütung für den Strom aus PV-Anlagen ist gesetzlich festgelegt (§32-33 EEG). In §32 EEG wird die Vergütung für die so genannten Freiflächenanlagen geregelt. §33 EEG legt die Vergütung für Anlagen an oder auf einem Gebäude fest, sowie die Vergütungsregelungen zum Selbstverbrauch. Die Höhe der Vergütung wird degressiv mindestens am Jahresende um einen Prozentsatz gesenkt, je nach Höhe des Anlagenzubaus (vgl. § 20 Abs. 2 Nr. 8 und Abs. 3 und 4 EEG). Die Vergütung der Anlagen ist von folgenden Faktoren abhängig: Inbetriebnahmedatum, Leistung der Anlage, Standort der Anlage (z.B. Dach eines Gebäudes oder auf einer unbebauten Fläche) und der Entscheidung, ob der Strom selber genutzt werden soll.

Die folgende Tabelle zeigt, wie sich die Vergütungssätze mit zunehmender Anlagengröße verringern. So bekommt beispielsweise eine Anlage mit einer Größe von 120 kWp drei verschiedene Vergütungen. Bis 30 kWp liegt die Vergütung bei 28,74 ct./kWh, bis 100 kWp bei 27,33 ct./kWh und darüber hinaus bei 25,86 ct./kWh.

Der Selbstverbrauch wird seit dem 01.07.2010 in eine Klasse bis 30% Selbstverbrauch der erzeugten Leistung und über 30% Selbstverbrauch der erzeugten Leistung eingeteilt. Somit soll den Anlagenbetreibern ein Anreiz gegeben werden, möglichst den Strom dann zu nutzen, wenn die Sonneneinstrahlung gegeben ist. Im Netzgebiet Bochum liegt der Selbstverbrauch bei Privatpersonen bei etwa 50%, bei Gewerbekunden oder beispielsweise Schulen liegt der Anteil des selbstverbrauchten Stroms zwischen 80 und 100%.

Anlagengröße	Vergütung Einspeisung in ct./kWh	Vergütung Selbstverbrauch bis 30% in ct./kWh	Vergütung Selbstverbrauch über 30% in ct./kWh
0-30 kWp	28,74	12,36	16,74
30-100 kWp	27,33	10,95	15,33
100 kWp-1MWp	25,86	bis 500 kWp 9,48	bis 500 kWp 13,86
> 1MWp	21,56	-	-

Tabelle 1 Vergütungsübersicht PV-Anlagen mit Inbetriebnahme ab 01.01.2011 -30.06.2011

Die durchschnittliche Vergütung in 2009 von Photovoltaikanlagen lag bei 47,98 ct./kWh. Vergleicht man diese mit den anderen erneuerbaren Energieträgern, wie Wasser 7,84 ct./kWh, Biomasse 16,10 ct./kWh oder Deponie-, Klär-, Grubengas 7,06 ct./kWh, so liegt die Photovoltaik deutlich über den anderen Anlagen.[11]

Bis Ende 2009 waren die Stromlieferanten, die Letztverbraucher beliefern, verpflichtet, einen bestimmten Teil EEG-Strom zu einem bestimmten Preis dem Übertragungsnetzbetreiber abzunehmen. Seit dem 01.01.2010 müssen die vier ÜNB (Amprion, EnBW Transportnetz, 50hertz, TenneT) den EEG-Strom an der EEX gem. Ausgleichsmechanismusverordnung verkaufen. Die Stromlieferanten, die Letztverbraucher beliefern, sind verpflichtet, für jede gelieferte kWh eine EEG-Umlage an die ÜNB zu zahlen (§ 3Abs. 1 AusglMechV). So soll die Differenz aus Ausgaben und Einnahmen der ÜNB bei der EEG-Umsetzung gedeckt werden.

Den Aufwand der EEG-Vergütung trägt nicht der Staat, sondern die Stromendverbraucher über die EEG-Umlage. Für das Jahr 2011 beträgt die EEG-Umlage 3,530 ct/kWh. Für stromintensive Unternehmen und Schienenbahnen, gem. §§ 40 ff EEG, kann die EEG-Umlage nach § 6 Abs. 1 AusglMechV auf 0,05 ct./kWh reduziert werden.

---

[11] Vgl. bdew (2010), S. 9

4.2 Solarthermie

Bei der solarthermischen Anlage wird durch Sonneneinstrahlung Wärme produziert. Durch den Einsatz solarthermischer Anlagen werden 50-70% des Warmwasserbezugs gespart, wird das Heizungswasser ebenfalls darüber erwärmt, liegt die Einsparquote deutlich darüber.

Die installierte Leistung bis zum Jahr 2010 beträgt 9,8 GW. In Deutschland sind im Jahr 2010 115.000 Solarthermie-Anlagen neu installiert worden. Allerdings ist diese Entwicklung im Vergleich zum Jahr 2009 mit rund 26% rückläufig.[12] Der Trend ist auch in Bochum zu erkennen. So wurden im Jahr 2009 noch 69 Anlagen von den Stadtwerken Bochum GmbH gefördert, im Jahr 2010 waren es nur noch 16 Anlagen.[13]
Bis zum Jahr 2030 sollen Solarkollektoren zu 50% den Wärmebedarf in Deutschland decken. Um dieses Ziel zu erreichen, „müssen hierzu noch brach liegende Potenziale erschlossen werden zum Beispiel durch die Einführung von Solarhäusern als Baustandard"[14]

4.2.1 Verfahren

Die Solarthermieanlage besteht aus Solarkollektoren, in denen sich ein Absorber, bestehend aus mehreren speziell beschichteten Metallstreifen, befindet. Der Absorber befindet sich in einem wärmegedämmten Kasten, dadurch geht möglichst wenig Energie verloren. Durch die Sonnenstrahlen werden die Metallstreifen erhitzt. Diese geben die Wärme an ein Wärmeträgerflüssigkeit, meistens Wasser, ab und wird im Wärmespeicher zwischengespeichert. Damit kann das Wasser für den Haushalt, wie Duschwasser oder Heizungswasser, genutzt werden.

---

[12] Vgl. http://www.solarwirtschaft.de/fileadmin/content_files/faktenblatt_st_jan11.pdf, Abruf am 30.04.2011
[13] Vgl. Auswertung der Stadtwerke Bochum GmbH (2011)
[14] http://www.solarbusiness.de/fakten/kraftwerk-sonne/das-solarzeitalter-kommt/, Abruf am 30.04.2011

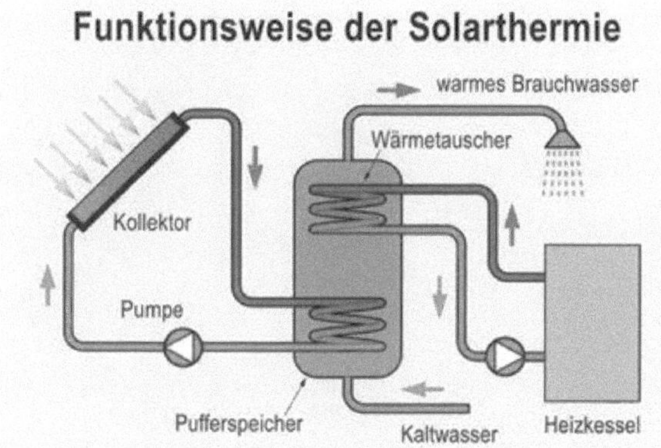

Quelle: http://www.solar-direkt.eu/technik/, Abruf am 30.04.2011

Abbildung 5 Funktionsweise der Solarthermie

Am effizientesten ist die Solarthermieanlage bei einem Anstellwinkel zwischen 30° und 45°. Der Wirkungsgrad von Solarthermie-Anlagen liegt bei 70 bis 85%.[15]

4.2.2 Vergütung

Für die Nutzung von erneuerbaren Energien für die Erzeugung von Wärme stellt der Bund für die Jahre 2009 bis 2012 Fördermittel iHv 500 Mio. Euro zur Verfügung (§ 13 S. 1 EEWärmeG). Im Gegensatz zur PV-Anlage bekommt der Anlagenbetreiber keine Vergütung pro erzeugter kWh, sondern eine Basisförderung je Quadratmeter Kollektorfläche zwischen 45 Euro und 120 Euro. Zusätzlich kann eine Bonusförderung, beispielsweise einen Effizienzbonus, Solarpumpenbonus, Kesseltauschbonus von bis zu 600 Euro, und eine Innovationsförderung beantragt werden. Die Innovationsförderung umfasst beispielsweise die Warmwasserbereitung (120 Euro je Quadratmeter Kollektorfläche), die Warmwasserbereitung sowie Heizungsunterstützung (180 Euro je Quadratmeter Kollektorfläche), die Prozesswärme (180 Euro je Quadratmeter Kollektorfläche), oder die solare Kälteerzeugung (180 Euro je Quadratmeter Kollektorfläche).[16]

Die Stadtwerke Bochum GmbH fördert die solarthermische Anlage mit 100 Euro je m² für die Kollektoren, maximal jedoch mit 500 Euro pro Anlage, sofern die Anlage mit

---

[15] Vgl. http://www.solaranlagen-portal.com/solarthermie/thermische-solaranlage/wirkungsgrad, Abruf am 30.04.2011

[16] Vgl.http://www.energieagentur.nrw.de/_database/_data/datainfopool/foerderung_solarthermie.pdf, Abruf am 30.04.2011

einer Erdgasheizung oder einer Strom- bzw. Erdgaswärmepumpe verbunden ist. Die Anschaffungskosten von einer Solarthermie-Anlage belaufen sich zwischen 1.000 und 2.000 Euro je Quadratmeter Kollektorfläche, je nach Kollektorart. Für die jährlichen Stromkosten der Anlage, sowie Wartungsarbeiten müssen Kosten iHv 70 bis 120 Euro eingeplant werden. [17]

5. Potenziale der Solarenergie in Deutschland

Der Zubau von PV-Anlagen in Deutschland wird auch zukünftig weiter steigen. Laut der EEG-Mittelfristprognose werden bis zum Jahr 2015 rund 40.000 MW Leistung installiert sein, mit einer Jahresarbeit von 35.284 GWh, was einer jährlichen Zuwachsquote von über 8% entspricht.[18] Damit liegt die Leistung der Solarenergie deutlich über allen anderen Erneuerbaren Energieträgern. Die Solarenergie stellt somit einen Großteil der Leistung für die Zielerreichung der Bundesregierung. Sechs Millionen Menschen nutzen bereits das Potenzial der solaren Strahlung. Einer Umfrage des Meinungsforschungsinstitutes Infratest dimap zufolge wollen 62% aller Befragten Solarenergie nutzen oder tun dies bereits.[19]

Um dem kompletten Stromverbrauch durch PV-Anlagen zu decken, müssten rund 5.000 Quadratkilometer PV-Module installiert werden. Die Dachflächen in Deutschland machen etwa 2.800 Quadratkilometer aus. Da die Solarmodule immer preiswerter werden, werden immer mehr auch auf Firmendächern, Ställen und Kirchen, sowie auf geschlossenen Deponien und Militärübungsplätzen gebaut. Ebenso wird die Herstellung von Modulen erforscht, um so die Wirkungsgrade zu erhöhen und die Module so noch effizienter zu bauen. Neben der dezentralen Nutzung der Sonnenenergie, wie PV und Solarthermie, werden in Deutschland immer mehr Solarkraftwerke gebaut, mit Leistungen bis zu 40 MWp.[20]

Die Gewinnung von Strom oder Wärme durch Sonneneinstrahlung, ist eine umweltschonende Möglichkeit. Durch den Einsatz von PV-Anlagen konnte allein in Deutschland CO_2 von 6,4 Mio. Tonnen eingespart und so der Treibhauseffekt reduziert wer-

---

[17] Vgl.http://www.solaranlagen-portal.de/thermische-solaranlage/solarkollektor-preis.html, Abruf am 30.04.2011
[18] Vgl. http://www.eeg-kwk.net/de/file/Zusammenfassung_Mittelfristprognose.pdf, Abruf 30.04.2011
[19] Vgl. http://www.solarwirtschaft.de/medienvertreter/pressemeldungen/meldung.html?tx_ttnews%5 Btt_news%5D=13780&tx_ttnews%5BbackPid%5D=737&cHash=bbef064994, Abruf am 30.04.2011
[20] Vgl. http://www.solarenergie-sonnenenergie.com/solarkraftwerke.html, Abruf am 30.04.2011

den.[21] Die Solarthermie kam auf eine CO^2-Vermeidung in Höhe von einer Mio. Tonnen.[22] „Laut einer Studie der Bundesregierung können in Deutschland bis 2050 rund 65% des Stromverbrauchs und 50% des Wärmebedarfs durch erneuerbare Energien gedeckt werden. 75% der treibhausgase ließen sich auf diese Weise einsparen, rund ein Drittel davon durch Solarenergie."[23]Auch die Äußerung, dass durch die Produktion von Solarmodulen mehr Energie und CO^2 verbraucht wird, als letztendlich eingespart werden kann, ist durch die innovativen Herstellungsmethoden nicht mehr gegeben.[24] Die energetische Amortisation, also die Zeit, die benötigt wird um die Herstellungsenergie zu erzeugen, liegt für PV bei zwei bis vier Jahren, bei Solarthermie ebenso bei vier Jahren.[25] Die Lebensdauer von PV und Solarthermie liegt bei etwa 30 Jahren.

Um den Ausbau von Solarthermie voranzutreiben, wird in der Novelle des EEWärmeG Zum 01.Mai 2011 geregelt, dass öffentliche Gebäude eine Vorbildfunktion in Sachen erneuerbarer Energien sein müssen. Nach Renovierungsarbeiten müssen die erneuerbaren Energien einen Anteil am Wärmebedarf des Gebäudes decken.[26]

Durch „hohe Investitionsbereitschaft, hervorragendes Know-how bei Forschern, Fachkräften, Zulieferern und Maschinenbauern und ein gewaltiges Kundenpotenzial"[27], bietet vor allem der deutsche Markt ein großes Potenzial. Aufgrund der breiten Markteinführung und der Massenfertigung, werden die Preise für Solaranlagen bis zum Jahr 2020 um mehr als 50% senken.[28]

6. Nachteile/ Risiken von Solarenergie in Deutschland

Die Solarenergie hat nicht nur Vorteile. Ein Nachteil der Solarenergie liegt vor allem daran, dass die Anlagen nur bei entsprechendem Wetter Strom erzeugen. An beispiels-

---

[21] Vgl. http://www.solarwirtschaft.de/fileadmin/content_files/faktenblatt_pv_jan11.pdf, Abruf am 30.04.2011

[22] Vgl. http://www.solarwirtschaft.de/fileadmin/content_files/faktenblatt_st_jan11.pdf, Abruf am 30.04.2011

[23] http://www.solarbusiness.de/fakten/sonnenenergie-vier-gute-gruende/solarenergie-stoppt-klimawandel/, Abruf am 30.04.2011

[24] Vgl. http://www.mission-solar.eu/privatkunden/photovoltaik-abc/?type=98, Abruf am 15.05.2011

[25] Vgl. http://www.umweltbewusst-heizen.de/Strom/Photovoltaik/Solarzellen/Herstellung/Herstellung-Solarzelle-Photovoltaik.html, Abruf am 15.04.2011

[26] Vgl. http://www.energie-experten.org/experte/meldung-anzeigen/news/novelle-des-eewaermeg-tritt-am-1-mai-in-kraft-2451.html, Abruf am 30.04.2011

[27] http://www.solarbusiness.de/fakten/sonne-unendlich-viel-potenzial/solarenergie-ist-bezahlbar/, Abruf am 30.04.2011

[28] http://www.solarbusiness.de/fakten/sonne-unendlich-viel-potenzial/solarenergie-ist-bezahlbar/, Abruf am 30.04.2011

weise Novemberabenden, wenn die Last im Netz am höchsten ist, wird kein Strom durch die PV-Anlagen produziert. Es muss entsprechend ein Backup mit der Lastspitze von 80 GW zuzüglich einer Reserve vorgehalten werden.[29] Da die Solarenergie demnach nicht den kompletten Leistungsbedarf decken kann, müssen Alternativen dazu überlegt werden, wie Einsatz von Spitzlastkraftwerken, der Import von gesicherter elektrischer Leistung, Betrieb großer elektrischer Energiespeicher oder Verbrauchssteuerung zur Anpassung der residualen Last.[30]

Um die Kapazitäten aus erneuerbaren Energien transportieren zu können, ist es notwendig die deutschen Stromnetze auszubauen. Der Verteilnetzausbau ist sehr kostenintensiv und neue Verteilnetzkonzepte müssen entwickelt werden. Der Transportnetzausbau ist technisch und ökonomisch möglich, hängt jedoch von Akzeptanz- und Genehmigungsfragen ab.[31]

Bis zum Jahr 2030 sollen bis zu 74 GW an PV in Deutschland ausgebaut werden, dass entspricht der Leistung von 75 Kernkraftwerken oder 90 Kohlekraftwerksblöcken. Allerdings erzeugen 75 GW PV lediglich 75 TWh Strom im Jahr, was 13 % des deutschen Strombedarfs entspricht. Der Bau konventioneller Kraftwerke mit der gleichen Leistung kosten in der Anschaffung den selben Preis wie der Bau von PV-Anlagen, erzeugen jedoch das achtfache mehr an Strom und decken somit mehr als 100% des deutschen Strombedarfs.[32]

Auch der Strommarkt ist von der Einspeisung durch erneuerbare Energien betroffen. Der Preis an der Strombörse EEX für Strom sinkt durch die Einspeisung der erneuerbaren Energien. Allerdings wirkt sich das nicht auf den Letzterbraucher aus, da die EEG-Umlage durch diesen finanziert wird. Die EEG-Kosten sind bereits 2010 von 3 Euro auf 6 Euro für einen durchschnittlichen Haushalt gestiegen. Ein weiterer Nachteil der sinkenden Preise ist, dass die Erlöse für bestehende und geplante konventionelle Kraftwer-

---

[29] Vgl. http://www.et-energie-online.de/index.php?option=com_content&view=article&id=289:photovoltaik-in-deutschland-zu-viel-des-guten&catid=20:erneuerbare-energien&Itemid=27, Abruf am 30.04.2011
[30] Vgl. http://www.et-energie-online.de/index.php?option=com_content&view=article&id=378:auswirkungen-fluktuierender-einspeisungen-auf-das-gesamtsystem-der-elektrischen-energieversorgung&catid=42:regulierung&Itemid=27, Abruf am 30.04.2011
[31] Vgl. http://www.et-energie-online.de/index.php?option=com_content&view=article&id=378:auswirkungen-fluktuierender-einspeisungen-auf-das-gesamtsystem-der-elektrischen-energieversorgung&catid=42:regulierung&Itemid=27, Abruf am 30.04.2011
[32] Vgl. http://www.et-energie-online.de/index.php?option=com_content&view=article&id=289:photovoltaik-in-deutschland-zu-viel-des-guten&catid=20:erneuerbare-energien&Itemid=27, Abruf am 30.04.2011

ke sinken, ihren Deckungsbeitrag nicht erreichen oder keine Anreize geschaffen werden in neue Kraftwerke zu investieren. Es wird entsprechend weniger Forschungsaufwand in Kraftwerksbau betrieben und auch anderen erneuerbaren Energien neben der PV, wie Windkraft, wird der Markteintritt dadurch erschwert.

Die ersten Speicher für die Photovoltaik-Anlage sind bereits auf dem Markt, jedoch verhältnismäßig uneffektiv und teuer. Da die Bedeutung der Speichermöglichkeiten von der Forschung und Entwicklung in Deutschland erkannt wurde, kommen immer neue Technologien zum Einsatz, um die gewonnene Solarenergie auch nachts nutzen zu können.[33]

Das EEG 2009 sieht vor, dass EEG-Anlagen bei Netzüberlastung gegen Entschädigungszahlung abgeregelt werden können. Dies ist durch entsprechende technische Einrichtung bei Anlagen mit einer Leistung über 100 kW vorgesehen. PV-Anlagen zählen nicht dazu, da die Modulleistung hier die Grundlage ist, die unter 100 kWp liegen. Mit der EEG-Novelle 2012 sollen zukünftig auch PV-Anlagen in das Einspeisemanagement einbezogen werden,[34] um so das Netz zu entlasten.

7. Schlussfazit

Die Seminararbeit zeigt, dass erneuerbare Energien, besonders die Solarenergie, in Deutschland in der heutigen Zeit ein wichtiges Themenfeld in der Wirtschaft, der Politik und der Umweltverbände sind. Der Ausbau von Photovoltaik-Anlagen und Solarthermie ist in den letzten Jahren, vor allem aufgrund der attraktiven Vergütung und Förderung, immer mehr gestiegen. Auch mit Blick in die Zukunft werden diese Zahlen weiterhin steigen. Doch die 100 Prozentige Stromerzeugung durch erneuerbare Energie ist noch ein weiter und steiniger Weg.

Die Nutzung der Sonnenenergie ist eine umweltschonende Möglichkeit der Energiegewinnung, da CO_2 eingespart werden kann. Da die Anschaffungskosten für die Solarmodule im Vergleich zu anderen erneuerbaren Energien gering sind, bietet die Solarenergie eine Möglichkeit für Privatpersonen einen Teil zum Energiekonzept der Bundesregierung beizutragen und somit Treibhausgase zu vermeiden und die Umwelt zu schonen.

---

[33] Vgl.
http://www.epochtimes.de/638393_speicher_fuer_dezentral_erzeugten_solarstrom_gehen_in_ - pilotfertigung.html, Abruf am 15.05.2011
[34] Vgl. Bundesministerium für Wirtschaft und Technologie, Pressemitteilung vom 02.02.2011

Da jedoch nur Energie gewonnen werden kann, wenn Sonneneinstrahlung gegeben ist, gewinnt die Entwicklung von Speichern immer mehr an Aufmerksamkeit. Erst wenn die Speichermöglichkeit ökonomisch und ökologisch gegeben ist, macht der gezielte Einsatz von Solarenergie Sinn, da nicht mehr so viele Spitzlastkraftwerke gehalten werden müssen, um das Defizit der PV auszugleichen. Ebenso müssen die Solarmodule an Wirkungsgrad zunehmen. Da die installierte Leistung im Verhältnis zu anderen Kraftwerken deutlich geringere Mengen an Strom produziert. Auch hier arbeitet die Forschung und Entwicklung an Verbesserungsmöglichkeiten und Alternativen.

Erst wenn sich die Anschaffungskosten reduziert, die Strompreise angepasst haben, es keine staatlichen Vergütung für die Einspeisung gibt und die Speicher ausgereifter sind, wird sich der Einsatz von Solarenergie in Deutschland richtig lohnen.

Literaturverzeichnis

- bdew (2010): Erneuerbare Energien und das EEG in Zahlen, Foliensatz zur Energie-Info, 2010.

- BMU (2010)Erneuerbare Energien in Zahlen- nationale und internationale Entwicklung, Berlin 2010.

- BMU (2010): Erneuerbare Energien in Zahlen- Internet-Update ausgewählter daten, Berlin 2010.

- Bundesministerium für Wirtschaft und Technologie (2011): Brüderle begrüßt Neuerungen zum Einspeisemanagement und Vertrauensschutz beim Grünstromprivileg, Pressemitteilung vom 02.02.2011.

- Erneuerbare Energien Gesetz .

- nmr-Netz mittleres Ruhrgebiet (2011): Auswertung PV-Anlagen in Bochum, 2011.

- Stadtwerke Bochum (2011): Zahlen der förderfähigen Solarthermie in Bochum, 2011.

- Amprion, EnBW Transportnetz, TenneT, 50hertz (2010): EEG-Mittelfristprognose: Entwicklungen 2011 bis 2015. URL: http://www.eeg-kwk.net/de/file/Zusammenfassung_Mittelfristprognose.pdf, Abruf 30.04.2011.

- 50hertz, Amprion, EnBW Transportnetz, TenneT (2011): EEG-Umlageprognose 2011. URL: http://www.eeg-kwk.net/de/file/20110301_EEG-Umlage_finalx.pdf, Abruf am 30.04.2011.

- Bode, Großcurth in et: Photovoltaik in Deutschland: Zu viel des Guten. URL: http://www.et-energie-online.de/index.php?option=com_content&view=article&id=289:photovoltaik-in-deutschland-zu-viel-des-guten&catid=20:erneuerbare-energien&Itemid=27, Abruf am 30.04.2011.

- Brandstätt, Brunekreeft, Jahnke in et: Systemintegration von erneuerbarem Strom: flexibler Einsatz freiwilliger Abregelungsvereinbarungen. URL: http://www.et-energie-onli-ne.de/index.php?option=com_content&view=article&id=370:systemintegration-von-erneuerbarem-strom-flexibler-einsatz-freiwilliger-abregelungsvereinbarungen&catid=20:erneuerbare-energien&Itemid=27, Abruf am 30.04.2011.

- BSW Solar (2011): Statistische Zahlen der deutschen Solarwärmebranche (Solarthermie). URL: http://www.solarwirtschaft.de/fileadmin/content_files/faktenblatt_st_jan11.pdf, Abruf am 30.04.2011.

- BSW Solar (2011): Statistische Zahlen der deutschen Solarwärmebranche (Solarthermie). URL: http://www.solarwirtschaft.de/fileadmin/content_files/faktenblatt_pv_jan11.pdf, Abruf am 30.04.2011.

- Energie Agentur.NRW: Förderung Solarthermie. URL: http://www.energieagentur.nrw.de/_database/_data/datainfopool/foerderung_solarthermie.pdf, Abruf am 30.04.2011.

- Energie Experten (2011): Novelle des EEWärmeG tritt am 1. Mai in Kraft. URL: http://www.energie-experten.org/experte/meldung-anzeigen/news/novelle-des-eewaermeg-tritt-am-1-mai-in-kraft-2451.html, Abruf am 30.04.2011.

- Epoch Times Deutschland (2011): Speicher für dezentral erzeugten Solarstrom gehen in Pilotfertigung. URL:

http://www.epochtimes.de/638393_speicher_fuer_dezentral_erzeugten_solarstro m_gehen_in_pilotfertigung.html, Abruf am 15.05.2011.

- Et: Innovation im Stromnetz für den Klimaschutz. URL: http://www.et-energie-online.de/index.php?option=com_content&view=article&id=335:innovation-im-stromnetz-fuer-den-klimaschutz&catid=5:veranstaltungsberichte&Itemid=20, Abruf am 30.04.2011.

- Et: Szenarien für ein Energiekonzept der Bundesregierung. URL: http://www.et-energie-online.de/index.php?option=com_content&view=article&id=327:szenarien-fuer-ein-energiekonzept-der-bundesregierung&catid=22:energiepolitik&Itemid=27, Abruf am 30.04.2011.

- Grunenberg, Lars (2006): Allgemeinwissen Photovoltaik. URL: http://www.sonne-nrw.de/Dokumente/2006.06.21+Vortrag+PV+allgemein.pdf, Abruf am 30.04.2011.

- HA Handelsagentur: Lohnt sich eine Solaranlage in Deutschland? URL: http://www.ht-handelsagentur.de/wissen_lohnt_sich_solar_in_deutschland.html, Abruf am 30.04.2011.

- Krollmann, Maren (2005): Diplomarbeit Photovoltaik. URL: http://www.sonne-nrw.de/Dokumente/Diplomarbeit_Photovoltaik_von_Maren_Krollmann.pdf, Abruf am 30.04.2011.

- kWh-Preis: Strom selbst erzeugenmit Photovoltaik. URL: http://www.kwh-preis.de/strom/ratgeber/strom-selbst-erzeugen/photovoltaik, Abruf am 30.04.2011.

- Mission solar: Photovoltaik ABC. URL: http://www.mission-solar.eu/privatkunden/photovoltaik-abc/?type=98, Abruf am 15.05.2011.

VIII

- Rehtanz, Noll, Hauptmeier in et: Auswirkungen fluktuierender Einspeisungen auf das Gesamtsystem der elektrischen Energieversorgung. URL: http://www.et-energie-online.de/index.php?option=com_content&view=article&id=378:auswirkungen-fluktuierender-einspeisungen-auf-das-gesamtsystem-der-elektrischen-energieversorgung&catid=42:regulierung&Itemid=27, Abruf am 30.04.2011.

- Solaranlage.EU: Solarthermieanlage. URL: http://www.solaranlage.eu/solarthermie-solaranlage, Abruf am 30.04.2011.

- Solaranlagen-Portal (2011): Die Preisentwicklung für Photovoltaik Anlagen. URL: http://www.solaranlagen-portal.com/photovoltaik/kosten/preisentwicklung, Abruf am 30.04.2011.

- Solaranlagen-Portal (2011): Ertrag und Rendite von Photovoltaik. URL: http://www.solaranlagen-portal.com/photovoltaik/wirtschaftlichkeit/ertrag, Abruf am 30.04.2011.

- http://www.solar-energy consult.de/index.php?option=com_content&view=article&id=71:solarkraftwerk-vom-firmendach&catid=48:sec-unternehmen&Itemid=65, Abruf am 05.05.2011.

- Solarbusiness: Zahlen. URL: http://www.solarbusiness.de/fakten/solartechnik-in-kuerze/zahlen/, Abruf am 30.04.2011.

- Solarbusiness: 100% saubere Energie. URL: http://www.solarbusiness.de/fakten/sonne-unendlich-viel-potenzial/100-saubere-energie/, Abruf am 30.04.2011.

- Solarbusiness: Wettbewerbsfähig durch Massenproduktion. URL: http://www.solarbusiness.de/fakten/sonne-unendlich-viel-potenzial/solarenergie-ist-bezahlbar/, Abruf am 30.04.2011.

- Solarbusiness: Solarenergie - beliebteste Energiequelle. URL: http://www.solarbusiness.de/fakten/sonnenenergie-die-populaere/alle-setzen-auf-die-sonne/, Abruf am 30.04.2011.

- Solarbusiness: Solarenergie stoppt Klimawandel. URL: http://www.solarbusiness.de/fakten/sonnenenergie-vier-gute-gruende/solarenergie-stoppt-klimawandel/, Abruf am 30.04.2011.

- Stadtwerke Bochum: Förderprogramme der Stadtwerke Bochum. URL: http://www.stadtwerke-bchum.de/index/energiewelt/umwelt/foerderprogramme/stadtwerke_bochum.html, Abruf am 30.04.2011.

- Stadtwerke Bochum: Information zur Mehrbelastung aus dem Erneuerbare-Energien-Gesetz (EEG). URL: http://www.stadtwerke-bochum.de/index/geschaeftskunden/eeg_umlage.html, Abruf am 30.04.2011.

- Umweltbewusst Heizen: Energie zur Herstellung von Solarzellen für Photovoltaikanlagen. URL: http://www.umweltbewusst-heizen.de/Strom/Photovoltaik/Solarzellen/Herstellung/Herstellung-Solarzelle-Photovoltaik.html, Abruf am 15.05.2011.

- Umweltbundesamt: Energie der Zukunft. URL: http://www.umweltbundesamt.at/umweltsituation/energie/energietraeger/erneuerbareenergie/, Abruf am 30.04.2011.